新雅・知識館
千奇百趣的嘴巴

作　　者：尹小英 (윤소영，So-yeong Yoon)
繪　　圖：原惠真 (원혜진，Hye-jun Won)
翻　　譯：陳清如
責任編輯：趙慧雅
美術設計：蔡耀明
出　　版：新雅文化事業有限公司
　　　　　香港英皇道499號北角工業大廈18樓
　　　　　電話：(852) 2138 7998
　　　　　傳真：(852) 2597 4003
　　　　　網址：http://www.sunya.com.hk
　　　　　電郵：marketing@sunya.com.hk
發　　行：香港聯合書刊物流有限公司
　　　　　香港新界大埔汀麗路36號中華商務印刷大廈3字樓
　　　　　電話：(852) 2150 2100
　　　　　傳真：(852) 2407 3062
　　　　　電郵：info@suplogistics.com.hk
印　　刷：中華商務彩色印刷有限公司
　　　　　香港新界大埔汀麗路36號
版　　次：二〇一八年五月初版

ISBN: 978-962-08-7022-4

新雅・知識館

千奇百趣的嘴巴

文 尹小英　圖 原惠真

新雅文化事業有限公司
www.sunya.com.hk

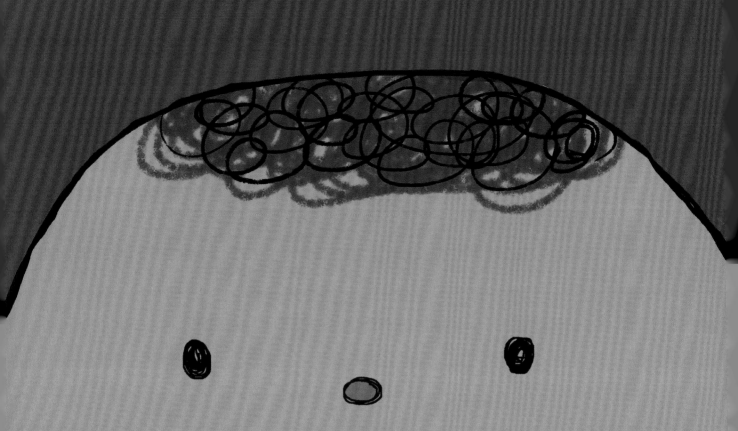

如果沒有
嘴巴

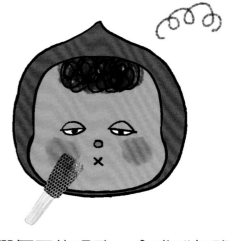

我們便不能說話，會感到悶悶不樂。　　我們便不能唱歌，會感到無聊。

想笑也笑不到，　　　　　　　　　　想親親也親不到。

最重要的是連喝水都喝不到，　　　吃東西也吃不到！

用嘴巴來進食

無論吃什麼東西，我們都要用到嘴巴。
如果不能進食，我們就不能生存下去。

我要攝取陽光和水分來生存。

這是因為人類不能自己製造生存所需的養分，要靠進食來攝取營養。

其他動物也有嘴巴的。牠們都用嘴巴來吃東西，然後消化和吸收營養，從而獲取能量。

有了這些能量，動物的身體便能活動和生存下去。

動物在吃東西的時候，嘴巴會張得大大的咬下去。
嘴巴裏有一組可以緊緊地咬住食物的「裝置」，
那就是顎骨和牙齒。

張開嘴巴！

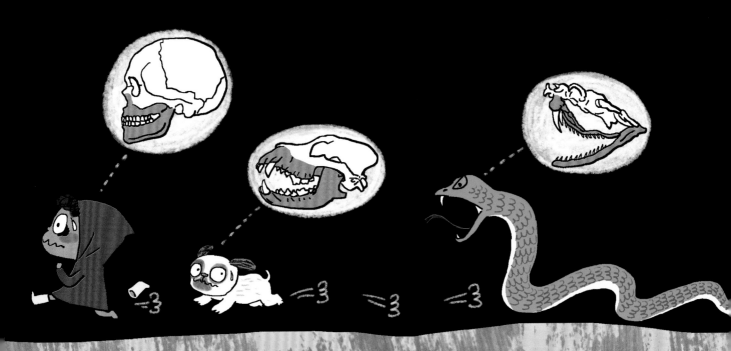

大多數脊椎動物通常都有上下結構的顎骨。
而上顎和下顎相連便構成了嘴巴。

用嘴巴使勁地咬

誰最有咬合力（咬得最大力）？
我們來看看第一位至第五位吧！

第二位 美洲豹
美洲豹會咬住獵物的頭部，所以顱骨會被咬碎，即使是烏龜的硬殼也一樣可以粉碎。

第三位 河馬
河馬會用巨大的嘴巴緊緊地咬住獵物。在炫耀自己的力量時，會把嘴巴張得大大的，露出可怕的尖牙。

第一位　鱷魚

　　鱷魚是世上最有咬合力的，而灣鱷的咬合力比人類強60倍。牠們咬住獵物，然後分成碎塊，再咕嘟一聲把它整個吞下，連骨頭也一起吃掉呢！

第四位　大猩猩

　　成年雄性大猩猩的咬合力比人類強10倍，因為牠們的脖子和下顎骨十分強壯，連堅韌的植物，也能咯吱咯吱地咀嚼吃掉。

共同第五位　灰熊

　　灰熊的咬合力很強，擅長用強壯的下顎骨和前掌來捕魚。

共同第五位　公牛鯊

　　公牛鯊用強而有力的下顎骨將獵物整個吃掉，或者撕成一大塊一大塊地吃掉。

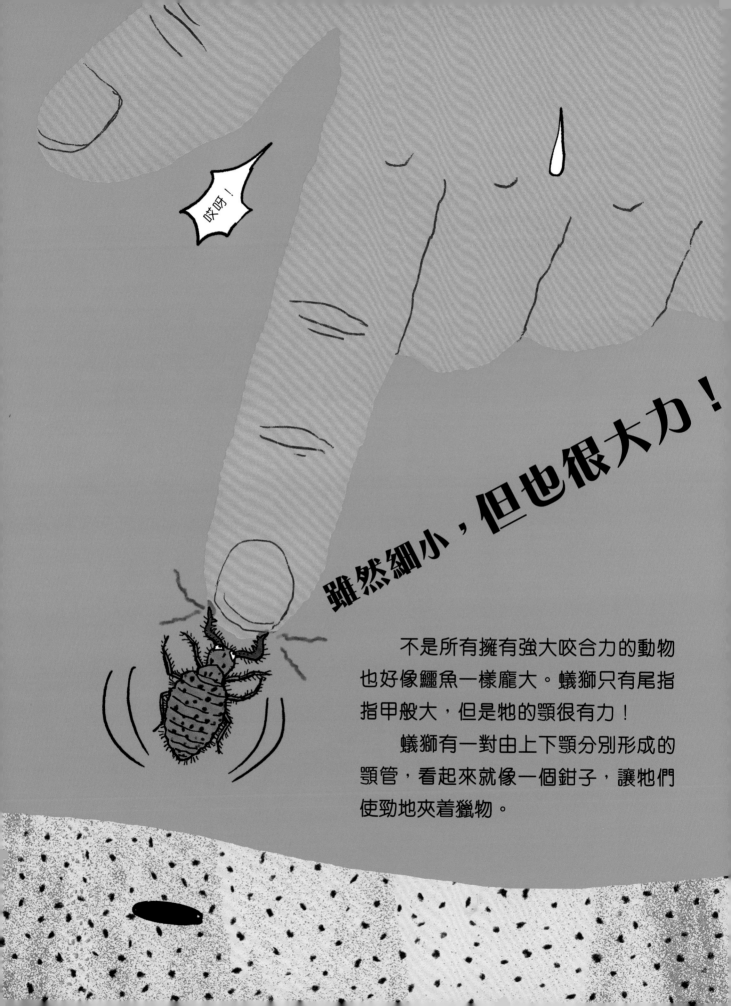

雖然細小，但也很大力！

不是所有擁有強大咬合力的動物
也好像鱷魚一樣龐大。蟻獅只有尾指
指甲般大，但是牠的顎很有力！

蟻獅有一對由上下顎分別形成的
顎管，看起來就像一個鉗子，讓牠們
使勁地夾着獵物。

蟻獅在沙地上，挖了一個漏斗形的洞，然後躲藏在裏面。

如果有路過的螞蟻掉進洞裏，蟻獅就會用頭部把沙子撥出去，令螞蟻滑落掉進洞的深處。

蟻獅用長而尖銳的下顎，把螞蟻緊緊夾着，並且噴出一些液體，使獵物不能動彈。

蟻獅將螞蟻體內的軟組織分解吃掉，然後把剩下的外殼扔出洞外。

為了捕食其他動物，某些動物能把嘴巴彈性地伸展，讓我們見識其中的代表——蛇。

蛇能把嘴巴伸展得很大，大得讓人吃驚，能一口就把獵物吃掉。

張開口！

吞下！

蛇的上顎和下顎會像我們拉動繩子般活動，把獵物從嘴巴往肚子裏推進去，牠們甚至能把比自己的頭更大的蛋整個吞下！

吐出！

被吞下的蛋，會慢慢地被消化掉。蛇會借助體內肌肉的活動把蛋弄碎，吃掉後再將蛋殼吐出來。

七鰓鰻的嘴巴像一個圓圓的吸盤，把其他魚緊緊地黏着。利用布滿在嘴巴裹的鋒利牙齒，把魚的皮膚切開，吮吸牠的血液。

吮吸、切斷、

獅子會用長而尖銳的犬齒把其他動物咬死，再把肉撕開，然後用鋸齒般的臼齒，將獵物切斷。因為沒有負責咀嚼的牙齒，所以獅子會把切斷了的食物一塊接一塊吞下去。

嚼嚼嚼！

馬用寬扁的門牙把草切斷，放進嘴巴，用磨石般的臼齒來咀嚼，再把磨得細碎的食物吃掉。即使是堅韌的植物，馬都能用顎骨向上下和兩邊活動，嘎吱嘎吱地把它嚼爛吃掉。

咀嚼、撕扯

海鬣蜥有着細小而像鋸般的牙齒，牙齒的末端分開成三個部分，即使是黏附在岩石上的食物，也能好好地撕下來吃掉。

15

鳥是用喙來代替顎骨和牙齒的。喙的質地就好像指甲一樣，堅硬和非常結實。

喙的形狀因應鳥的習性而有所不同。例如鵰會捕捉其他動物來吃，牠的喙長得像鈎子一樣，能把獵物撕開來吃掉。

用喙來

錫嘴雀會吃堅硬的種子或果實。牠會用短而厚的喙，將種子啄碎來吃掉。

蜂鳥會吃花蜜。牠會把又細又長的喙，輕輕地放入花裏，吮吸花蜜。

啄食

即使是同一種類的鳥，牠們的喙也會根據所吃的食物和習性，而有不同的形狀。

燕雀分布在加拉帕戈斯羣島上生活。很久以前，在加拉帕戈斯羣島不同地方生活的鳥就進食不同的食物，牠們子孫後代的喙在外形上也有了些改變。

不同的鳥喙形狀和所吃的食物

吃水果或種子的鳥喙

吃小昆蟲的鳥喙

吃仙人掌花粉的鳥喙

吃樹木裏昆蟲的鳥喙

吃大昆蟲的鳥喙

嘴巴的變化

　　昆蟲由幼蟲時期至長大為成蟲，外表上有着巨大的改變，而嘴巴也跟着有了變化。這跟牠們所吃的食物或者居住環境有關。

　　蝴蝶的幼蟲會一邊慢吞吞地爬着走，一邊把樹葉細細咀嚼。但當牠們變成了蝴蝶，嘴巴會變成吸管狀，吸取花蜜來吃。

蟬的幼蟲是在地底生活的，牠會吮吸樹根裏的樹液。長大變成蟬的話，就會把長得像針一樣的嘴巴刺進樹幹裏，吮吸樹幹的樹液。

螢火蟲的幼蟲在水中會捕捉好像螺和蝸牛那樣細小的動物來吃掉。

長大變成螢火蟲之後，只會吮吸露水，甚至幾乎不進食。只靠由幼蟲時期開始累積、儲存下來的養分生存，能生存大概一個星期至一個月。

藍鯨是動物之中體形最大的，所以也叫做海上巨無霸。牠的嘴巴內裏有雪白而長長的鯨鬚。牠就是用這些鯨鬚，把在海水裏的磷蝦過濾出來。牠一口就裝下數十噸的海水，然後用舌頭把海水推出口腔，而嘴巴裏的鯨鬚就好像梳子一樣，將食物過濾出來然後吞掉。

20

嘴巴裏長有鯨鬚！

藏起來的嘴巴

海星的嘴巴在身體底部的中間部分。如果捕捉到蛤蜊，會用管足去打開蛤蜊的外殼，然後由嘴巴裏伸出好像氣球一樣的胃，從蛤蜊外殼的縫隙裏擠進去，消化蛤蜊的肉。

海葵的嘴巴在那好像花瓣一樣的觸手中間。牠會用觸手的毒，令獵物動彈不得後，放進嘴巴裏吃掉。

蛤蜊的嘴巴在哪裏？

蛤蜊把外殼張開的模樣，看起來就像嘴巴張開一樣。

但是蛤蜊的外殼不是牠的嘴巴，而是像盾牌一樣，保護著牠那柔軟的身體。

那麼在殼的外面，凸出來好像吸管一樣的東西，會是嘴巴嗎？

那也不是蛤蜊的嘴巴，那是讓水可以進出的管子而已。

牠的嘴巴在腮那邊，就像躲藏在身體裏面。

看！這個張開得大大的，看起來像不像嘴巴？

其實這是捕蠅草的葉子。植物是沒有嘴巴的，因為它們會從土地裏獲得水和養分，並且接收到陽光後，會自行製造養分。可是，像捕蠅草一類的食蟲植物，生活在養分不足的地方，於是它只能捕捉昆蟲來吃，藉以補充不足的養分。

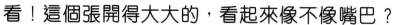

植物也有嘴巴嗎？

這個你也能吃嗎？

捕蠅草向兩邊張開葉子，等待昆蟲找上門。葉子上面長了一些毛髮，當昆蟲觸碰一根毛髮時，葉子並不會作出什麼反應。

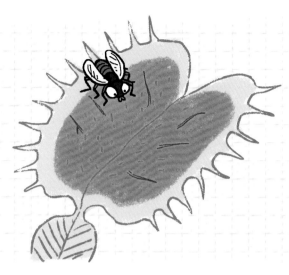

但是，當昆蟲再一次觸碰到毛髮，捕蠅草就會在一瞬間關上葉子。 它會用葉子邊緣的刺，把昆蟲關住。

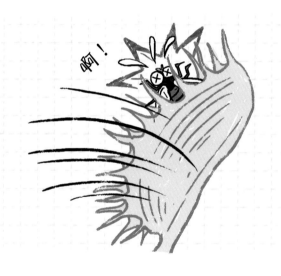

被捕蠅草捕捉到的昆蟲，會慢慢地融化，然後捕蠅草就把養分吸收掉。

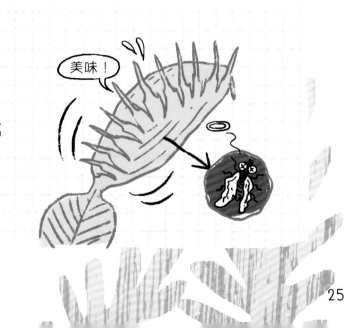

嘴巴只用來吃東西的嗎？不是的。

看看那有尖鼻子的達爾文蛙。雄性達爾文蛙會將雌性達爾文蛙產下的卵，放在體內守護着。牠會「咕嘟」一聲將卵吞下，裝到鳴囊裏好好保存。

在蛙爸爸的嘴巴裏，小蝌蚪找到了世界上最安全的地方。直至蝌蚪快要變成小青蛙的時候，雄蛙就會把牠們從嘴裏吐出來。

裝到嘴巴裏

　　鵜鶘的喙非常非常長，下面有一個特別的袋
子，由於質地柔軟，能一直拉長、變大。鵜鶘媽
媽的「袋子」好像漁網一樣，可以把食物撈上來。
牠會把打撈到的魚兒裝在「袋子」裏，帶回家給
自己的孩子吃。

鍬形蟲的頭部好像長了一對很大的角一樣，其實那是牠的上顎。雌性鍬形蟲的上顎較小，雄性鍬形蟲的上顎非常大，長度大約是身長的一半，看起來就像華麗的鹿角。雌性鍬形蟲會用牠的顎在樹上挖掘一個洞來產卵。而雄性則主要在戰鬥時，用上牠那巨型的上顎。有時牠們是為了獲得獵物而戰鬥，有時是為了爭奪雌性鍬形蟲而開戰。

用嘴巴來戰鬥！

這裏有兩隻雄性鍬形蟲在交手較量呢！牠們用那巨大的上顎，互相用力把對方推到一角。

誰會贏呢？那隻上顎比較大而且強壯的鍬形蟲，運用牠那巨大的上顎把對方一把鉗住，使勁地把對手舉起來！

最後，那隻鍬形蟲被對手狠狠地扔出去。鍬形蟲的對戰，就是以扔掉對手來結束的。

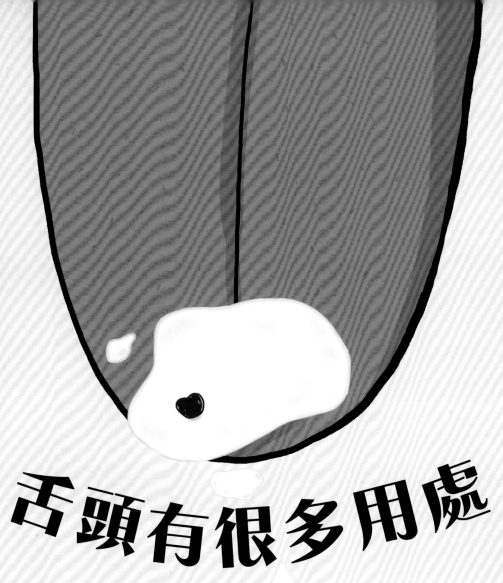

舌頭有很多用處

嘴巴裏面有舌頭。我們用舌頭來品嘗食物味道和幫助吞嚥。舌頭還有什麼用處呢？

狗是透過足底的汗腺來散熱的，但是這種散熱方式不足以令身體降温。所以，狗在炎熱的天氣裏，會把舌頭伸得長長的，以及用力地呼吸。隨着沾在舌頭上的口水蒸發掉，身體就會涼快下來。

貓會用舌頭來清潔身體。舌頭一下一下地舔毛髮，把毛髮清理得很乾淨。在舌頭上，長着一些好像鈎狀的凸起物。身體上的灰塵、碎屑和脫落的毛髮，會被舌頭上的凸起物掃走，就像用刷子刷掉一樣。

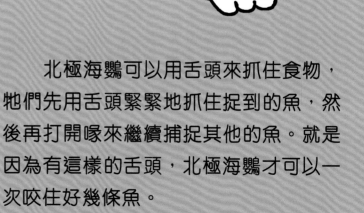

北極海鸚可以用舌頭來抓住食物，牠們先用舌頭緊緊地抓住捉到的魚，然後再打開喙來繼續捕捉其他的魚。就是因為有這樣的舌頭，北極海鸚才可以一次咬住好幾條魚。

用嘴巴來説話

小動物，你們好！

小動物，你們好！

有些動物會用嘴巴發出聲音，將意思傳達給對方知道。而人類更會用柔軟的舌頭和嘴唇，發出比其他動物更多樣的聲音。

在喉嚨裏，當聲帶振動而發出聲音的時候，會根據舌頭和嘴唇的位置和移動，發出多種不同的聲音。

複雜的思想和感情，能透過聲音表達出來，也就是說話啦！

嗚嗚，嗚噢，嗚噢！

吼猴每天早上會聚集在一起，大聲地吼叫。

對鄰居傳達說：「這裏是我們的土地呀。不要過來！」

吼猴用喉嚨內的巨大氣囊，發出高音，這些叫聲能傳到很遠的地方。

草原犬鼠在地底內挖洞居住，成羣結隊地生活在一起。牠們會在地洞的入口處輪流看守，留意四周情況，當有鷹或游隼一類的敵人出現時，會大聲地叫，像在告訴同伴「敵人出現了！趕快躲起來！」族羣裏聽到這樣的聲音時，就會往洞裏深處躲藏或者逃亡。

呀呀！

嘴巴的暗號

　　無論是多麼溫馴的小狗，如果見到牠露出牙齒，要小心注意啊！當牠突然間鼻子一皺，又不斷地吠，便要提防牠撲過來！

　　如果動物露出了牙齒，就是表示牠要發火了，或者是將要攻擊的意思。

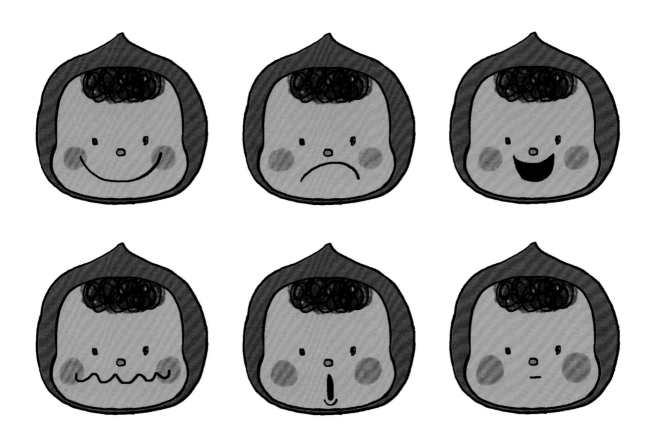

相比其他動物，人類的表情更豐富。這是因為我們的嘴唇能夠隨心地變動。嘴角翹起來或者拉下來，噘起嘴唇或者抿嘴等等，嘴巴的模樣改變了，表情也隨之而改變。

即使不說話，只是看嘴巴，都可以知道別人的心情怎樣的。

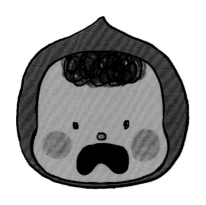

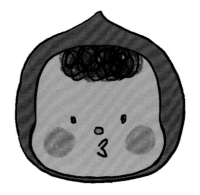

小朋友，看過了這本書，你是否覺得各式各樣的嘴巴都很有趣呢？不同的動物有着不同的嘴巴，它們的作用都不一樣：可以用來說話、吃東西、打架、防衛、裝東西……

真不可小看嘴巴啊！

現在就來好好鍛煉一下嘴巴。一起翻到下一頁看看，讓我們做做口肌活動，玩玩嘴巴的遊戲吧！

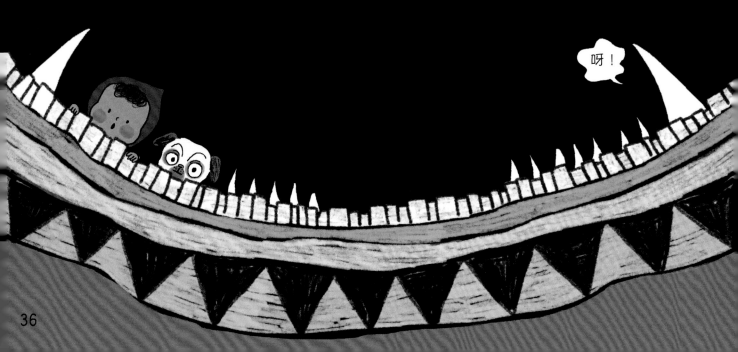

 **口肌活動**

　　小朋友，我們除了用嘴巴來吃東西和說話，還可以進行不同的嘴巴遊戲和口肌活動。多活動嘴唇和舌頭，鍛煉一下顎部和面頰的肌肉，能促進我們的口肌發展，讓口齒更伶俐！現在就來試一試吧！

1. 嘴巴動一動

跟着下面的圖畫動動嘴巴，做出有規律的動作和表情：

① 哈！　　噢！　　哈！　　噢！

② 笑　　嗻！　　笑　　嗻！

2. 吹泡泡

　　吹泡泡是很好的鍛煉口肌發展的活動，可以訓練唇部的活動能力及力度，亦可以訓練下巴的穩定性及舌頭後縮的能力。如果孩子未能做出「嘟起嘴」的動作，可以先請孩子練習發出圓嘴的音，例如「嗚」，然後才進行活動。

　　此外，家長可以預備一杯水和飲管，請孩子利用飲管向水裏吹氣，看看會發生什麼事情，這也是一種有趣又可以促進口肌發展的活動。

3. 有趣的聲音

　　請孩子發出不同的聲音，例如：「啊」、「呀」、「爸爸」、「媽媽」、「婆婆」，感受嘴唇動作的變化。爸媽可請孩子拿着一張紙，放在嘴巴前，看看發出聲音時，哪些聲音是送氣的，哪些聲音是不送氣的。然後，利用這些聲音哼唱一些熟悉的歌曲。就用「啊」字來哼唱《小星星》吧！

4. 動物嘴巴大集合

　　請孩子模仿書中一些動物的嘴巴動作，例如：獅子張大口噬咬、馬兒撕磨食物、吼猴發出「嗚噢嗚噢」的聲音、鳥兒啄食的動作等，讓孩子在模仿動物的遊戲中，鍛煉口部肌肉的活動能力。